LES SOCIÉTÉS

à

Responsabilité limitée

LUXEUIL

IMPRIMERIE P. VALOT

1925

LES SOCIÉTÉS

à

Responsabilité Limitée

LUXEUIL
IMPRIMERIE P. VALOT
1925

LES SOCIÉTÉS

à responsabilité limitée

Leurs avantages — Les entreprises auxquelles elles conviennent.

La loi du 7 mars a autorisé en France les sociétés à responsabilité limitée.

Rédigée avec clarté et précision, elle a doté notre législation d'une formule extrêmement souple qui ne peut qu'exercer la plus heureuse influence sur le développement de l'esprit d'entreprise en France.

Les S. A. R. L. existent à l'étranger par dizaines de mille....

De 1892 à 1924, il s'est fondé en Allemagne 80.000 Sociétés à responsabilité limitée, dont 20.000 depuis la guerre. Il existe en Angleterre près de 65.000 « Private compagnies » contre 15.000 « Public compagnies » (sociétés anonymes).

Enfin, 1.200 sociétés à responsabilité limitée sont inscrites au registre du commerce alsacien et il s'en fonde chaque jour de nouvelles.

Ajoutons que, dès la promulgation de la loi de mars 1925 de nombreuses maisons françaises se sont empressées de la mettre à profit, et notamment dans les régions de PARIS et du NORD.

Qu'est-ce qu'une société à responsabilité limitée ?

L'un des commentateurs de la loi les a définies : des sociétés anonymes sans actions négociables — ou des sociétés en nom collectif à risques limités.

Les S. A. R. L. ont ceci de commun avec les sociétés anonymes qu'elles limitent le risque couru par les associés au montant de leurs apports.

Si vous entrez dans une société à responsabilité limitée en y apportant 1000 francs en espèces ou en nature, votre responsabilité ne pourra jamais être engagée au-delà de ces mille francs.

Analogie avec les sociétés de personnes

En premier lieu, la part de chaque associé n'est pas représentée par des titres négociables : elle n'est pas matériellement créée.

Ceci implique une fixité dans la composition du corps des associés, au contraire des sociétés anonymes qui voient le nombre et la qualité de leurs actionnaires se modifier chaque jour.

En se reportant simplement à l'acte de constitution les personnes désireuses de traiter avec une société à responsabilité limitée connaissent donc toujours exactement et la qualité des associés et le montant de leurs apports respectifs. En deuxième lieu, les parts de société à responsabilité limitée ne sont pas librement cessibles.

Les associés peuvent, il est vrai, se les céder librement entre eux. Mais aucun étranger à la société ne peut acquérir de parts à moins d'avoir le double consentement.

1º de la majorité des associés.

2º des trois quarts du capital social.

On voit qu'il est toujours possible d'éviter l'intrusion d'étrangers dans un groupement familial constitué en S. A. R. L. lorsque la majorité des associés ou lorsque les plus forts participants y sont réfractaires.

Cession des parts — Garantie pour les tiers

Les parts de S. A. R. L. ne peuvent être cédées qu'après signification par huissier ou acceptation par la société dans un acte notarié. Tout changement d'associé doit, en outre, être porté à la connaissance du public par un additif ajouté aux actes déposés au greffe, par une publication dans un journal d'annonces légales et par une mention sur le registre du commerce.

Un troisième point de ressemblance des S. A. R. L. avec les sociétés en nom collectif, c'est la faculté qu'elles possèdent d'être désignées sous une raison sociale comprenant le nom d'un ou de plusieurs associés. Les sociétés anonymes elles, ne peuvent utiliser le nom de leurs fondateurs qu'en modifiant l'ancienne raison sociale, et en écrivant par exemple « Société des Anciens Etablissements X...»

Les gérants d'une S. A. R. L. peuvent bénéficier d'un mandat à vie

Lorsqu'un commerçant ou un industriel transforme son affaire en société anonyme, il s'en dessaisit en quelque sorte puisque son mandat d'administration peut fort bien, au bout de six mois, de trois ou de six ans, ne pas être renouvelé.

Il risque ainsi de se voir éliminer de sa propre affaire. Rien de semblable dans les S. A. R. L. Dans celles-ci, le gérant peut être nommé à vie ou pour la durée de la société.

Il ne peut être révoqué que pour des causes légitimes et par une décision du Tribunal, alors que les administrateurs d'une société anonyme peuvent toujours être révoqués par une simple décision majoritaire de l'assemblée générale. Un chef d'entreprise fondant une S. A. R. L. peut même, par une clause insérée dans les statuts ou par un additif, désigner son successeur, par exemple un de ses fils, sans avoir à craindre que des circonstances nouvelles, telles qu'un revirement d'opinion des propriétaires de parts, viennent un jour annuler ses dispositions.

C'est par excellence la forme qui convient aux sociétés de famille.

Les entreprises industrielles et-commerciales si nombreuses en France, où se transmettent de père en fils les traditions, les secrets de fabrication, les clientèles familiales pourront se maintenir et prospérer, en dépit des obstacles de la législation successorale et des tendances individualistes : modernes.

Les pouvoirs accordés au Gérant d'une S.A.R.L. sont extrêmement étendus

Un gérant de société à responsabilité limitée peut aliéner des immeubles ou contracter des emprunts. Le seul moyen de limiter ses pouvoirs consiste à nommer plusieurs co-gérants et à décider statutairement que leur accord sera nécessaire pour rendre valables les actes les plus importants.

Cette situation privilégiée du gérant s'explique aisément si l'on considère que les gérants ne sont, le plus souvent, personne d'autres que les chefs des anciennes entreprises transformées en S. A. R. L. Il y avait un intérêt évident à sauvegarder leur autorité dans toute son intégrité. C'est ce qu'a voulu le législateur.

La Constitution et l'Administration des S. A. R. L. sont exemptes de toute formalité coûteuse

Le législateur les a débarrssées de toutes les formalités coûteuses imposées pour la sauvegarde des actionnaires aux sociétés anonymes. Une S. A. R. L. peut fort bien être constituée par de simples actes sous seings privés. Il n'est besoin d'aucune déclaration de souscription et de versement. Les statuts imprimés ne sont pas exigés.

Les formalités de vérification des apports et de double assemblée générale constitutive et la nomination obligatoire de commissaires aux comptes imposées aux sociétés anonymes n'existent pas pour les sociétés à responsabilité limitée. Enfin, les S. A. R. L. comptant moins de 21 membres, ne sont pas tenues de nommer un conseil de surveillance ni de convoquer des assemblées générales.

On voit que les frais sont réduits au minimum et que rien n'est plus aisé et plus avantageux que de fonder une S. A. R. L.

Le nombre des associés constituant une S. A. R. L. n'est pas limité

Ce nombre peut être réduit à deux seulement. De

sormais, un père et un fils, deux frères, deux parents, deux amis, un patron et un employé pourront s'associer en limitant leurs risques et en jouissant des privilèges fiscaux réservés aux S. A. R. L.

Les S. A. R. L. ne peuvent faire appel au marché public des capitaux

Les sociétés à responsabilité limitée ne peuvent en aucun cas émettre des actions ou des obligations négociables et les associés ne peuvent négocier en bourse leurs parts sociales ou leurs parts bénéficiaires. Toutes les transactions en capital des sociétés à responsabilité limitée, augmentations, cessions, emprunts, doivent rester d'ordre strictement privé.

A quelles catégories d'entrepreprises convient la forme « à responsabilité limitée »

On a dit que les S. A. R. L. s'appliqueraient presque exclusivement aux sociétés de famille. C'est une erreur et, sans prétendre épuiser le sujet, nous allons énumérer quelques cas concrets où la forme « à responsabilité limitée » trouvera son application.

1º— *Pour limiter les risques.*

Beaucoup d'entreprises se constitueront en S. A. R. L. dans le but de limiter leurs risques, de savoir comme on dit, où elles vont. N'est-il pas légitime pour un chef d'entreprise d'établir une ligne de démarcation entre sa fortune commerciale et sa fortune personnelle ?

Au surplus rien n'empêche le chef d'entreprise dont la S. A. R. L. deviendrait déficitaire de désintéresser ses créanciers sur ses deniers personnels, s'il estime que tel est son devoir. Rien non plus ne l'empêche, en cas de besoin, de fournir des garanties supplémentaires sur sa fortune privée.

Au moment d'échéance difficile, il aura même beaucoup plus de facilité qu'un commerçant à responsabilité illimitée pour obtenir des délais de ses créanciers, car, en échange des facilités qui lui seront accordées, il pourra fournir des garanties supplémentaires, en hypothéquant des immeubles, en remettant des titres en nantissement, etc...

    2o — Lorsqu'un père veut s'associer son ou ses fils.

  L'association, constituée entre un père et son ou ses fils en qualité de co-gérants, est un des exemples les plus fréquents d'application de la société à responsabilité limitée qui doit, dans ce cas, toujours être préférée.

    3o — Lorsqu'un ou plusieurs enfants d'un chef d'entreprise ne peuvent entrer dans une société en nom collectif.

C'est ce qui se produit lorsque la profession d'un des fils lui interdit de se livrer à l'exercice d'un commerce, comme c'est le cas pour les prêtres, les officiers, les fonctionnaires. Il peut se produire aussi qu'un des fils, déjà engagé dans une autre affaire, ne veuille pas rester associé avec responsabilité illimitée dans une maison qu'il ne pourrait contrôler. Il suffira alors de constituer une société à responsabilité limitée où le non commerçant et le commerçant, engagés par ailleurs, resteront intéressés en qualité d'associés non-gérants. Cette solution sera particulièrement appréciée par les commerçants ayant des filles en âge de se marier, qui ne voudraient ou ne pourraient s'associer leur gendre en nom collectif et qui, d'autre part, ne pourraient, sans gêne, constituer des dots avec des fonds retirés de leur entreprise.

4⁰— *Pour assurer la continuité des entreprises.*

Du fait que le gérant est le plus souvent nommé pour une longue durée, la S. A. R. L. permet d'assurer la continuité des entreprises en cas de décès de l'un des co-associés, même si l'entente ne régnait pas entre les héritiers ou les successeurs.

5⁰— *Pour éviter les difficultès successorales et les frais qu'elles occasionnent.*

Qu'arrive-t-il dans une société en nom collectif lorsque survient le décès d'un des associés?

Si les héritiers n'arrivent pas à s'entendre, il n'y a pas d'autre solution que la liquidation forcée. Si, d'autre part, les associés survivants ne parviennent pas à poursuivre d'un commun accord l'exploitation sociale, c'est alors la dissolution de la société avec son cortège de droits de partage. Dans la S. A. R. L., au contraire le partage successoral est extrêmement facile puisqu'il peut être fait par l'attribution pure et simple des parts.

6⁰— *Pour garantir les ventes de fonds de commerce avec paiements échelonnés.*

Supposons qu'un commerçant veuille se retirer, en cédant son affaire à un acquéreur, par exemple à l'un de ses employés. Il arrivera fréquemment que celui-ci ne puisse réaliser de suite une somme suffisante pour payer comptant le fonds, et il faudra avoir recours à des règlements répartis sur une série d'échéances. La société à responsabilité limitée fournit une solution très pratique de cette difficulté. Le commerçant cédant. recevra séance tenante une partie du prix. Pour le reste, il conservera un nombre de parts équivalent au solde de sa créance, parts que son successeur lui remboursera aux échéances convenues, à leur valeur réelle (c'est-à-dire compte tenu de la dépréciation du franc ou de la plus value du fonds). De plus, la qualité d'associé assure au cédant des facilités de contrôle qu'il ne trouverait pas dans une commandite par exemple.

7⁰ — *Pour délimiter les risques.*

Des sociétés à succursales multiples seront amenées à constituer leurs filiales en S. A. R. L., des armateurs à créer une société à responsabilité limitée pour l'exploitation de chacun de leurs bateaux.

Les fondateurs d'affaires constitueront au début leurs syndicats d'étude sous la forme la plus intime et moins onéreuse des sociétés à responsabilité limitée. La forme « à responsabilité limitée » a été très souvent appliquée à l'étranger aux cartels, aux sociétés d'achats en commun, aux comptoirs de vente, aux sociétés de transformation de produits agricoles, etc..

8⁰ — *Pour bénéficier des avantages fiscaux considérables réservés aux sociétés à responsabilité limitée.*

C'est à dessein que nous avons cité cette raison en dernier lieu car elle mérite tout un chapitre.

Or au point de vue fiscal, les S. A. R. L. sont incontestablement dans une situation très favorable.

a) *Les traitements des associés considérés comme frais généraux.*

En premier lieu, l'injustice qui consiste à forcer les

chefs d'entreprise, exploitants seuls ou associés en nom collectif, à ne pas faire entrer dans les frais généraux la rémunération de leur travail personnel est réparée dans les S. A. R. L.

Les gérants peuvent, en effet, s'allouer un traitement qui est taxé au titre de l'impôt sur les traitements et salaires et non d'impôts sur les bénéfices industriels ou commerciaux, soit à raison de 7,20 % au lieu de 9,60 %.

Cet avantage appréciable sera plus sensible encore si, comme il y a tout lieu de le craindre, les taux de ces cédules sont rehaussés.

b) *Exonération des bénéfices mis en réserve.*

Un avantage bien plus intéressant que le précédent est constitué par l'exonération au titre de l'impôt général sur le revenu des bénéfices mis annuellement en réserve pour parer aux crises ou aux exercices déficitaires.

Dans l'état actuel de la législation, les associés en nom collectif, sont tenus de faire figurer dans leurs déclarations d'impôt général sur le revenu, la part des réserves qui leur serait revenue si les bénéfices avaient été complètement distribués. Disposition très dure qui ne tend rien moins qu'à imposer des bénéfices inexistants en cas de pertes ultérieures. Or, dans les sociétés à responsabilité limitée, ces réserves, considérées comme ce qu'elles sont réellement, ne paient pas l'impôt progressif. L'avantage on le voit, est capital et décidera à lui seul la plupart des entreprises réalisant un chiffre notable de bénéfices à se transformer en S. A. R. L.

La seule précaution à prendre consistera à calculer

les réserves avec une modération suffisante pour ne pas accumuler inutilement des capitaux improductifs qui surchargeraient l'entreprise.

c) *Les bénéfices, dividendes et tantièmes distribués aux gérants d'une S. A. R. L. sont exempts de la taxe sur le revenu des valeurs mobilières.*

Les actions et tantièmes des sociétés anonymes acquittent cette taxe à raison de 12 % du montant des coupons. Inutile d'ajouter des commentaires pour faire saisir toute l'importance de cet avantage.

La forme « à responsabilité limitée » présente-t-elle des inconvénients ? et quels sont-ils ?

Notre exposé ne serait pas complet si, après avoir montré tous les avantages des S. A. R. L., nous ne passions en revue les reproches qu'on leur adresse.

Ne parlons que pour mémoire des responsabilités encourues par les fondateurs en cas de nullité de la société. Elles sont communes à toutes les autres sociétés, et il suffit, au surplus, pour se prémunir contre un tel risque, de s'entourer de conseils sérieux au moment de la constitution : un commerçant avisé ne traite pas à la légère un acte aussi important que la rédaction des statuts de société.

Les Crédits......

On a dit parfois : les banques né voudront accorder aux S. A. R. L. que des crédits inférieurs à ceux qu'elles accordent aux sociétés en nom collectif.

Certes les banques ont une tendance bien naturelle à préférer des garanties illimitées. Il n'en est pas moins vrai qu'elles accorderont toujours des crédits *aux maisons sérieuses* quel que soit leur statut juridique ; qu'au surplus, elles ne font aucune difficulté pour travailler avec les sociétés anonymes de famille, bien que les risques y soient limités au montant des apports. A plus forte raison, s'habitueront-elles aux S. A. R. L. où les garanties sont plus fortes par suite :

1º— Du caractère personnel des S. A. R. L. qui fait que les parts en sont difficilement cessibles et que les noms des associés sont toujours connus.

2º— Du fait que les apports sont toujours entièrement libérés.

3º— Des précautions qui entourent l'évaluation des apports, et des sanctions qui en garantissent la véracité.

4º— De la stabilité du gérant.

Enfin n'oublions pas qu'en Allemagne, en Angleterre, en Alsace *toutes les entreprises prospères*, qui ne sont pas des sociétés anonymes, ont adopté cette forme ou se préparent à l'adopter, et qu'en France même de nombreuses maisons de grosse importance ont déjà procédé à leur transformation en S. A. R. L.

Ce que coûte la constitution d'une S. A. R. L. Les garanties dont il faut s'entourer

L'expérience a montré que certains industriels, pleinement acquis à l'idée de transformer leur affaire en S. A. R. L. ne s'y résolvaient pas facilement parce qu'ils redoutaient les ennuis et les frais de constitution.

Or, nous devons faire remarquer que ces frais sont très réduits lorsqu'il s'agit de transformer des sociétés

en nom collectif ou en commandite. Et même lorsqu'il
s'agit d'exploitations individuelles, les frais du début
sont rapidement amortis par la simple entrée en jeu
de l'exonération des réserves et de l'inscription des
traitements aux frais généraux.

Une recommandation qu'avant de terminer nous
devons cependant faire aux futurs fondateurs, c'est de
s'adresser au moment de la constitution, à des techni-
ciens compétents. Ainsi que nous le disions plus haut,
l'élaboration des statuts d'une société est chose sérieu-
se : elle vaut la peine d'être étudiée sérieusement.

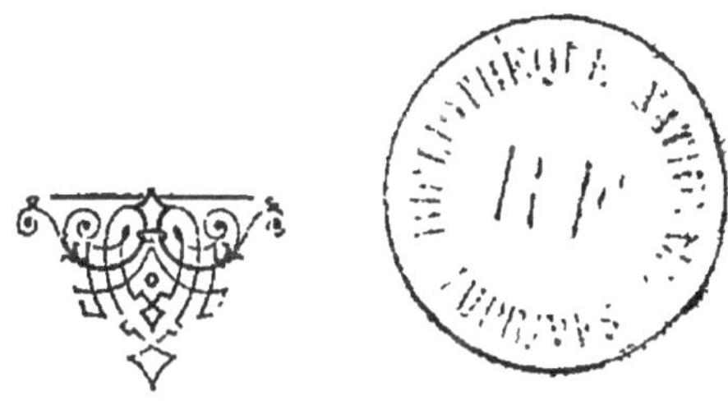